Armin Täubner

FLOTTE SCHNECKEN

frechverlag

Von dem bekannten Autor Armin Täubner sind im frechverlag zahlreiche weitere Bücher erschienen. Hier eine Auswahl:

TOPP 2127

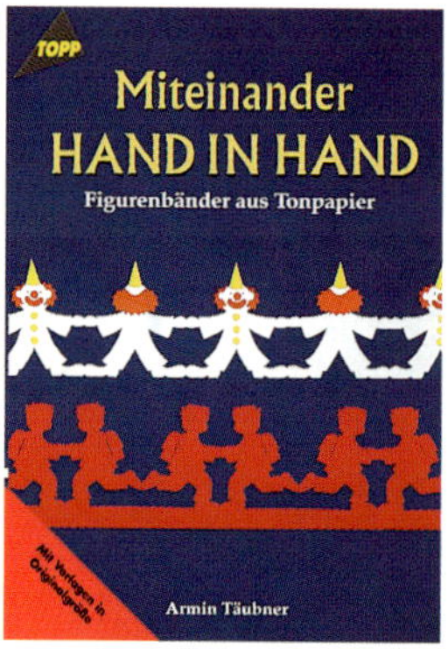

TOPP 2223

TOPP 2218

TOPP 2189

TOPP 2142

TOPP 2096

Fotos: frechverlag GmbH + Co. Druck KG, 70499 Stuttgart; Birgitt Gutermuth

Auflage:	5.	4.	3.	2.	1.	Letzte Zahlen
Jahr:	2001	2000	1999	98	97	maßgebend

frechverlag GmbH + Co. Druck KG, 70499 Stuttgart

ISBN 3-7724-2217-9 · Best.-Nr. 2217

Druck: frechverlag GmbH + Co. Druck KG, 70499 Stuttgart

Hier kommen sie angedüst: die flotten SCHNECKEN.

Ob auf dem Skateboard, dem Segelschiff oder dem Schlitten – von SCHNECKENtempo keine Spur!

Die fröhlich bunten SCHNECKEN dieses Buches kommen an Ihrem Fenster ganz groß heraus! Ob allein oder zu zweit, mit oder ohne Tupfen, mit oder ohne Haus – sie verbreiten einfach gute Laune.

Als Paar mit Herz sind sie ein sehr persönlicher Gruß zur Hochzeit oder Verlobung, der bestimmt viel Freude bereitet und noch lange an das große Ereignis erinnert.

Selbst das Basteln dieser flotten Motive geht ganz schnell. Wann kommt Ihre erste SCHNECKE um die Ecke gedüst?

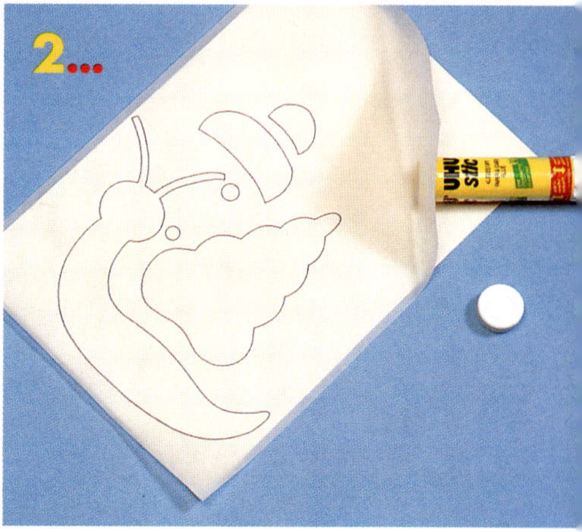

SCHRITT-FÜR-SCHRITT-ANLEITUNG

1... Übertragen Sie alle Motivteile ohne Überschneidungen vom Vorlagenbogen auf Transparentpapier.

2... Das Transparentpapier wird auf einen dünnen Karton geklebt.

3... Schneiden Sie die Teile mit einer Schere oder einem Cutter (Schneideunterlage nicht vergessen) aus. Das sind Ihre Schablonen.

4... Legen Sie die Schablonen jeweils auf Tonkarton in der gewünschten Farbe. Die Umrisse werden mit einem Bleistift nachgezogen.

5... Nun werden die Teile exakt ausgeschnitten.

6... Zum Schluß werden die ausgeschnittenen Teile zusammengeklebt.
Klebepunkte aus dem Fachhandel in verschiedenen Farben und Größen ersparen Ihnen viel Arbeit. Die Gesichter werden mit einem feinen schwarzen Filzstift oder einem Tuschefüller aufgemalt.

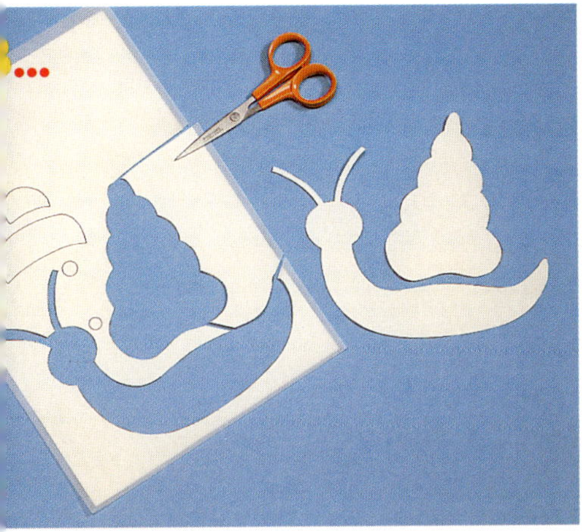

TIP

Damit Vorder- und Rückseite gleich schön aussehen, können Sie das Motiv beidseitig arbeiten. Dafür werden die meisten Teile doppelt ausgeschnitten und in derselben Reihenfolge wie auf der Vorderseite, jedoch spiegelverkehrt, aufgeklebt.

ZUM ANBEISSEN

Die Schnecke erhält weiße Klebepunktaugen. Anschließend malen Sie das Gesicht auf.
Das bemalte Schneckenhaus wird von hinten am Rumpf befestigt. Nun können Sie die Schnecke hinter den Apfel samt Stiel legen. Zum Schluß wird beides auf das Grasbüschel geklebt.

Ob die Schnecke anbeißt?

EIN ESSBARES HAUS

Kleben Sie das weiße Auge, die rote Mundöffnung und die zweiteilige Fliege auf. Anschließend werden Pupille, Nasenloch sowie Lachfältchen auf den Kopf der Schnecke gemalt. Danach werden die Samenkörnchen auf der Erdbeere eingezeichnet. Jetzt muß nur noch das leckere Haus zusammengesetzt und befestigt werden.

Mmmh, das schmeckt!

EIN KOPFTUCH PASSEND ZUM HAUS

Zuerst wird das zweiteilige Kopftuch befestigt. Es folgen die rote Mundöffnung, das Auge und das zweifarbige Schneckenhaus. Pupille, Nasenloch und Lachfältchen werden aufgemalt. Abschließend kann die Schnecke auf ein Grasbüschel gesetzt werden.

Ganz stolz, daß sie ein farblich passendes Kopftuch gefunden hat, blickt sie auf ihr Haus.

SEHEN DIE LECKER AUS!

An Ferdinands Hut werden Hutband, Federbüschel und Fühler befestigt, bevor dieser der Schnecke aufgesetzt wird.
Ein weißer Klebepunkt dient als Auge. Die rote Mundöffnung können Sie entweder aufkleben oder mit einem roten Filzstift aufmalen. Nun erhält Ferdinand noch ein Haus und wird mit einem schwarzen Filzstift bemalt. Dann wird das Kirschenpaar zusammengeklebt.

Ob Ferdinand der süßen Versuchung widerstehen kann?

EINE HERZENS-ANGELEGENHEIT

Kleben Sie das Auge, den Mund und das Haus auf jede der beiden gelben Schnecken. Die Pupillen, Nasenlöcher, Lachfältchen und die Windungen der Schneckenhäuser werden aufgemalt. Nun noch die beiden Schnecken auf bzw. hinter dem Herz plazieren ...

... und dann können sich die beiden tief in die Augen blicken.

ICH HAB' DEN VOLLEN DURCHBLICK!

Die dreiteilige Birne zusammenfügen. Befestigen Sie das Hutband und die Fühler an Axels Hut. Der Hut wird nun von hinten am Schneckenkopf angebracht. Augen aufkleben und das Gesicht aufmalen. Das bemalte Haus auf Axels Rücken kleben.

Jetzt kann Axel seinen Kopf durch die Öffnung in der Birne stecken.

ÄTSCH!

Die große und die kleine Schnecke erhalten jeweils ein weißes Klebepunktauge. Die roten Mundöffnungen können entweder aufgeklebt oder mit Filzstift aufgemalt werden. Kleben Sie nun die Zunge der kleinen Schnecke an.
Mit einem schwarzen Filzstift werden Pupillen, Nasenlöcher, Fältchen im Mundwinkel und die Windungen der Schneckenhäuser aufgemalt, ehe diese angebracht werden.

Warum wohl die kleine Schnecke der großen die Zunge herausstreckt?

LECKER!

Zuerst werden die weißen Klebepunktaugen angebracht. Nun können Sie das Gesicht aufmalen. Die Zunge kann entweder aufgeklebt oder aufgemalt werden.

Jetzt befestigen Sie das Haus mit den aufgemalten Windungen auf dem Schneckenrücken. Zum Schluß steckt die Schnecke ihren Kopf durch das Loch des Blattes, durch das sie sich durchgefressen hat.

Mmmh, das war lecker!

VON HIER
OBEN
SEHE ICH
ALLES!

Die beiden Pünktchenschnecken werden auf dieselbe Art gefertigt. Achten Sie darauf, daß Sie einen Schneckenrumpf seitenverkehrt benötigen.
Auf den Hut kleben Sie von vorne sowohl den gelben Schneckenrumpf als auch die Fühler. Die Augen bestehen aus zwei weißen Klebepunkten. Malen Sie nun das Gesicht auf. Anschließend wird die Schnecke mit blauen bzw. roten Punkten beklebt.
Zeichnen Sie die Windungen auf das Schneckenhaus, bevor Sie es an der Schnecke mit den blauen Punkten befestigen. Nun hat die kleine Schnecke den vollen Überblick.

Ob sie auch über den nötigen Weitblick verfügt?

ICH HEISSE FRIDOLIN

Kleben Sie zuerst den Hut samt Fühlern von hinten an den Schneckenkopf. Von vorne werden Augen, Mund und Fliege angebracht. Danach wird das Gesicht aufgemalt.
Das Schneckenhaus mit den aufgemalten Windungen befestigen Sie von hinten am Vorderleib. Der Hinterleib wird von hinten am Schneckenhaus angeklebt.

Und schon lacht Sie Fridolin an.

SCHNECKENTEMPO?

Kleben Sie die Fühler an die zweiteilige Mütze, und setzen Sie diese der Schnecke auf. Als Auge dient ein weißer Klebepunkt. Die rote Mundöffnung kann aufgeklebt oder mit Filzstift aufgemalt werden. Dann wird das Gesicht bemalt.
Nun muß das mehrteilige Skateboard zusammengefügt werden. Zum Schluß setzen Sie die Schnecke auf das Skateboard.

*Die rasante Fahrt kann beginnen:
„Platz da, ich komme!"*

SCHIFF AHOI!

Die Matrosenmütze besteht aus einem blauen Hauptteil und einem kleinen, weißen Dreieck. Neben diesem Dreieck werden die Fühler befestigt. Nun erhält der Matrose Mütze, Augen, Mund und Häuschen. Danach wird er bemalt. Die Schnecke von hinten an das Boot kleben. Anschließend bringen Sie, ebenfalls von hinten, Mast und Segel an.

Jetzt kann der Segeltörn beginnen.

DAS ERSTE SONNENBAD

Die Windungen des Schneckenhauses aufmalen und das Haus auf dem Körper fixieren. Nun läßt sich die Sonnenanbeterin auf dem Gras nieder.
Sind Sonnenbrille und Mund aufgeklebt und Nasenloch sowie Grübchen eingezeichnet, kann das Sonnenbad beginnen.

Hoffentlich holt sie sich keinen Sonnenbrand!

Wo hast du denn dein Haus?

Nachdem die Augen aufgeklebt und die Pupillen, Grübchen und Nasenlöcher aufgemalt worden sind, wird das Haus mit den eingezeichneten Windungen angebracht.
Auf den roten Pilzhut kleben Sie zuerst die weiße Unterseite und dann den Stiel. Jetzt können Sie den Pilzhut mit weißen Klebepunkten verzieren und das Grasbüschel anbringen. Zum Schluß werden die Schnecken plaziert.

Wo wohl das zweite Schneckenhaus geblieben ist?

EIN HAUS MIT WEISSEN PUNKTEN

An der zweiteiligen Mütze kleben Sie die Fühler an. Setzen Sie nun der Schnecke die Mütze auf. Anschließend weiße Klebepunkte als Augen anbringen. Dann das Gesicht und die Windungen des Schneckenhauses aufmalen. Das Schneckenhaus wird mit weißen Klebepunkten verziert, bevor es befestigt wird.

Ob die Schnecke wohl gern ein Fliegenpilz und damit ein Glückspilz wäre?

Frisch verliebt

Beginnen Sie mit dem Aufkleben der weißen Klebepunkte als Schneckenaugen. Es folgt das Aufmalen der Gesichter. Anschließend werden die Fliege, die Schleifen und die Herzen angebracht.
Nun können Sie das verliebte Pärchen auf den dreiteiligen Apfel setzen. Schon strecken die Schnecken die Fühler nacheinander aus.

Ob der Funke überspringt?

SCHNECKENTANGO

Bei der Tänzerin kleben Sie Kopftuch und Fühler von hinten an den Kopf. Von vorne werden die Augen sowie die beiden Zipfel des Kopftuchs angebracht.
Bei dem Tänzer wird der Hut samt Fühlern von hinten am Kopf befestigt. Abschließend werden die Gesichter aufgemalt.

Nun bewegen sich die beiden Schneckenkörper aufeinander zu, und der Schneckentanz beginnt.

ANSCHMIEGSAM

Nachdem Sie die Klebepunktaugen angebracht haben, bemalen Sie das Schneckengesicht. Anschließend wird die Schnecke mit weißen Klebepunkten verziert.

Nun kann sich die Pünktchenschnecke an den zweiteiligen Stengel der mehrteiligen Tulpe anschmiegen.

ICH BIN TRAURIG

Kleben Sie das Hutband und die Fühler auf den gelben Hut. Der Hut wird von hinten am Kopf befestigt.
Bringen Sie nun die Klebepunktaugen an, und malen Sie anschließend das Gesicht auf. Auf das gelbe Schneckenhaus werden zwei rote Teile geklebt, bevor es auf dem Schneckenrücken fixiert wird.

Warum die kleine Schnecke wohl traurig ist?

ES HAT GEFUNKT

Sind die weißen Klebepunktaugen angebracht, können die Gesichter aufgemalt werden. Dann kleben Sie die dreiteiligen Häuser auf die Rücken der Schnecken. Nun können sich die beiden näherkommen.

Frisch verliebt, wie die beiden sind,
hängt der Himmel voller Herzen.

EIN KALTES VERGNÜGEN

Zuerst ziehen Sie die Schnecke mit Schal und Mütze warm an. Dann werden Fühler, Mundöffnung und Auge aufgeklebt. Das Schneckenhaus wird sowohl am Rücken als auch an der Mütze befestigt. Nun kann die Schnecke bemalt und auf dem Schlitten plaziert werden. Dieser wird in den Schnee gesetzt.

Jetzt steht dem eiskalten Vergnügen nichts mehr im Wege ...

ERSTER ADVENT

Zuerst wird die Schnecke mit Mütze und Schal warm eingepackt. Anschließend bringen Sie die zweiteiligen Fühler an. Weiße Klebepunkte werden als Augen aufgeklebt. Malen Sie das Gesicht und die Windungen des Schneckenhauses auf. Nun kann das Schneckenhaus samt brennender Kerze angebracht werden.

Ob der Schnecke dabei auch ein Licht aufgeht?

UND NOCH EIN KÜSSCHEN

Sind die zweiteiligen Kopfbedeckungen samt Fühlern sowie die Fliege angebracht, werden die Gesichter und die Windungen der Schneckenhäuschen aufgemalt. Zum Schluß werden die Häuschen befestigt.

Dann kommen sich die beiden Schnecken näher und näher. Es folgt ein Küßchen ...

PUNKTE SIND DER LETZTE SCHREI

Auf das Schneckenhaus malen Sie mit einem schwarzen Filzstift die Windungen auf, bevor Sie die Punkte aufkleben. Die Fühlerenden werden mit roten Punkten verziert, Mund und Auge werden aufgeklebt. Dann wird das Gesicht bemalt. Kaum ist das Schneckenhaus befestigt, schon macht sich die Pünktchenschnecke auf den Weg.

Ob sie Angst hat, den neuesten Modetrend zu verpassen?